U0038242

5～20分鐘輕鬆完成！無蛋乳・大人&小孩都OK！

想讓你品嚐の 美味手作甜點。

前言
———

每天吃也安心的甜點

在有機料理教室waku waku work授課的10年來，已有大約1200名學員參與了我們的課程。
目前除了在武藏小杉（神奈川縣）開設不使用蛋、乳製品的營養甜點教室，
教授飲食生活、常備菜、食譜等食物相關的8種課程，也規劃了12堂線上課程。

5年前開始開設不使用蛋、乳製品的甜點課程，是因教室中一位學員的要求。

一開始，我並沒有堅持不使用蛋、乳製品。

每天都會吃的甜點，會是什麼樣的甜點呢？想要吃什麼樣的食物？想要嚐什麼樣的味道？
如何讓不擅長料理的人也能持續動手作呢？

在這樣的想法下反覆實驗操作，終於研發出許多簡單的甜點。

◆ **不使用蛋、乳製品。**

並不是為了預防過敏，而是在反覆試作的過程中自然地將蛋和乳製品排除。

意外地發現在不使用蛋和乳製品的情況下，更容易製作出凸顯食材原味、樸實的甜點。

◆ **在家裡也可以輕鬆製作。**

不使用特別的香料或珍貴的材料，

以「在超市就能買到的材料」為原則設計了食譜。

◆ **簡單的食譜。**

不需要過篩、減少調理盆的使用量，材料種類也減到最少。

是為了能夠反覆製作＆使烹飪成為一種日常活動，所以儘可能設計出簡單的食譜。

我將這三個條件作為原則，
以「不要過度嚴肅、好好品嚐甜點，每天都要開開心心！」
這樣的心情開發了食譜。

本書的食譜，可以說是對身體沒有負擔且能輕鬆製作的甜點。
我想對每個家庭來說都非常實用且有趣。
「我好像能作！我想要作作看！」請以這樣的心情試看看吧！

Contents

Part 1
不使用蛋・乳製品的
簡單甜點

Part 2
不使用蛋・乳製品・麵粉的
安心甜點

▌可以作為正餐的甜點

Part 3

甜食愛好者的
和風甜點

關於本書
- 本書中使用的計量單位為1大匙＝15㎖；1小匙＝5㎖。
- 烤箱設置的溫度和烘烤時間只是一個參考值，請依不同的機種型號視情況調整。
- 製作時間為準備好材料後至完成所有步驟所需要的大略時間，不包含烘烤和放入冰箱冷卻的時間。
- 本書中使用的蔬菜為有機蔬菜，在沒有特別註明的情況下都可以帶皮使用。

● 本書為朝日新聞digital & w（http://www.asahi.com/and_w/）「不使用蛋和乳製品的簡單甜點」的連載企劃。

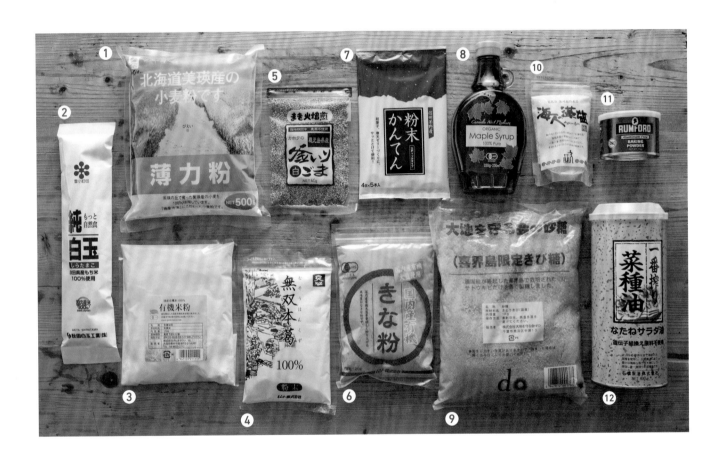

製作甜點所使用的材料

選擇材料時，
建議選擇◆遵循古法製成　◆以品質好為要點，自己認同、信賴的產品。
以下針對本書使用的各種材料介紹選購要點。
※在此僅介紹商品，並非推薦任何廠牌。

❶ 低筋麵粉
建議選擇日本產小麥製成的麵粉。麵粉分為高筋、中筋和低筋，製作甜點時使用低筋麵粉。

❷ 白玉粉
建議選擇有機栽培的糯米磨成的白玉粉。在製作Q軟口感的糰子時使用。

❸ 米粉
建議選擇有機栽培原料製作的產品。在製作不用麵粉的甜點時使用。

❹ 葛粉
雖然價格比較高，但仍建議使用無添加澱粉、100%葛製成的葛粉。

❺ 芝麻
建議選擇不使用農藥和化學肥料的產品。可依製作的甜點不同選擇芝麻粒、芝麻粉等。

❻ 黃豆粉
黃豆磨成的粉。建議選擇不使用農藥和化學肥料的產品。

❼ 寒天粉
寒天建議選用不需要泡水，優質的粉末商品。原料為海藻類，含有非常豐富的膳食纖維。在製作果凍時使用。

❽ 楓糖漿
建議選擇有機栽培的原料製作的產品。由糖楓的樹汁濃縮而成，帶有天然的甜味。

❾ 黍砂糖
建議選擇精製程度較低的黍砂糖。比起精製的白砂糖，黍砂糖的礦物質含量更高，能夠抑制血糖上升。

❿ 鹽
建議選擇礦物質含量豐富的天然鹽。不僅可以增加甜點的鹹味，還能帶出食材的原味。

⓫ 泡打粉
建議選擇不含鋁的產品，本書中已儘量減少泡打粉的用量。

⓬ 菜籽油
建議選擇顏色不過濃和味道較淡的菜籽沙拉油。

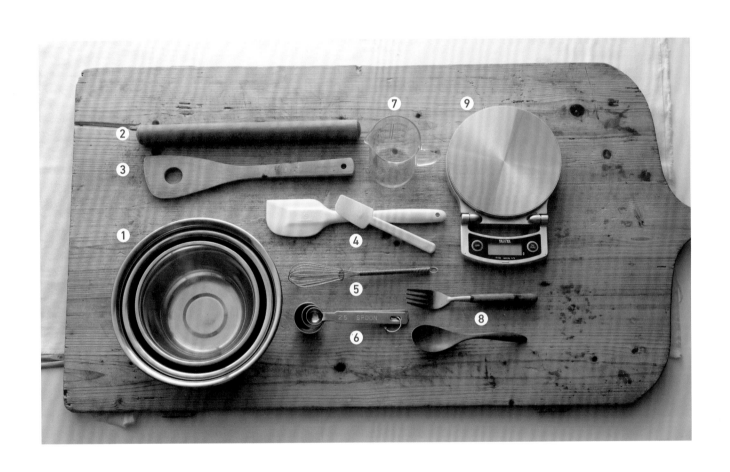

製作甜點所使用的器具

因為是每天都能製作的甜點，所以不需要特別的器具。
只要選擇適合自己，使用起來順手的器具即可。

❶ 調理盆
準備2個以上直徑20cm左右的調理盆，使用起來較為方便。

❷ 擀麵棍
建議選擇長度36至40cm的桿麵棍較好使用。延展麵團或捶打材料時使用。

❸ 木鏟
拌炒、攪拌材料時使用。在移動食物時也比使用筷子方便。

❹ 橡皮刮刀
耐熱且方便。用來攪拌、熬煮材料的多用途工具。

❺ 打蛋器
雖然在本書中幾乎很少使用，但是備有一支小打蛋器還是很方便的。

❻ 量匙
量匙中1大匙=15㎖、1小匙=5㎖、½小匙=2.5㎖。

❼ 量杯
建議選擇耐熱的材質，方便盛裝熱水時使用。

❽ 叉子＆湯匙
壓碎及攪拌混合材料時使用。

❾ 電子秤
可精準測量材料，建議選擇以數字顯示的秤較方便。

為了作出美味的甜點

雖然不使用蛋・乳製品製作甜點的作法非常簡單，幾乎零失敗。
但在此還是要告訴你幾個讓甜點更加美味的祕訣。

❶ 一開始先跟著食譜操作！

在沒有使用蛋・乳製品的食譜中，
有些材料具有黏著的作用，
或擔任重要的角色，
所以還是暫且根據食譜操作吧！

❷ 分量的材料到最後都要刮取乾淨

不論是基於珍惜材料也好，或是希望完全依照食譜分量也好，
建議量匙內的油或楓糖漿到最後都要以手指刮取乾淨，徹底地使用。

❸ 享受些微的誤差

一般來說，使用的材料不同，成品也會跟著有所變化。些微的誤差會影響膨脹的程度和成品的狀況，
請試著依材料的特色，調整烤箱的溫度和烘烤時間試作看看，讓製作甜點的技巧更上一層樓。

即使有時候作出來的甜點味道不如預期，也不要認為是失敗，而是享受其中。
然後再次練習製作，開心地享受製作甜點的過程和成果。

Part

1

不使用蛋·乳製品的
簡單甜點

葡萄乾磅蛋糕

花椰菜磅蛋糕

準備10分鐘就能放入烤箱！加入了滿滿葡萄乾的簡單磅蛋糕。

葡萄乾磅蛋糕 　10min

材料（1個15×6.5×5cm磅蛋糕模具的分量）

葡萄乾 … 50g
低筋麵粉 … 80g
泡打粉 … 2小匙
楓糖漿 … 2大匙
菜籽沙拉油 … 3又½大匙
鹽 … 1小撮
水 … 5大匙

準備
烤箱預熱至180℃。

作法

1　葡萄乾以熱水浸泡後瀝乾水分。

2　將低筋麵粉和泡打粉放入調理盆中，以叉子攪拌均勻。

3　在另一個調理盆中倒入楓糖漿和菜籽沙拉油，以打蛋器攪拌後加入鹽和水。

4　將步驟 2 倒入步驟 3 的調理盆中，以橡皮刮刀切拌混合。再加入步驟 1，以「切成小塊」的方式攪拌。最後將麵糊倒入模具中鋪平，放入已預熱至180℃的烤箱烤25至30分鐘。

沒有菜味，不愛吃蔬菜的人也OK！

花椰菜磅蛋糕　10min

材料（1個15×6.5×5cm磅蛋糕模具的分量）

燙熟的花椰菜 … 85g
低筋麵粉 … 120g
楓糖漿 … 2大匙
泡打粉 … 1小匙
味醂 … 1大匙
菜籽沙拉油 … 3大匙
芝麻油 … 1小匙
水 … 50mℓ
◆ 裝飾用
燙熟的花椰菜 … 3朵

準備
烤箱預熱至180℃。

作法

1 將低筋麵粉和泡打粉放入調理盆中，以叉子攪拌均勻。

2 將燙熟的花椰菜切碎。

3 在另一個調理盆中倒入步驟2、楓糖漿、味醂、菜籽沙拉油、芝麻油和水，以橡皮刮刀攪拌均勻。

4 將步驟1倒入步驟3的調理盆中切拌混合。再將麵糊倒入模具中鋪平，放上裝飾用的花椰菜＆放入已預熱至180℃的烤箱中烤25至30分鐘。

充分發揮胡蘿蔔的甜味，適合作為早餐。

胡蘿蔔司康

15*min*

材料（1塊8×14cm大小的分量）

胡蘿蔔 … 100g
低筋麵粉 … 100g
泡打粉 … ½小匙
楓糖漿 … 2小匙
菜籽沙拉油 … 1又½大匙
鹽 … 1小撮

準備
烤箱預熱至180℃。

memo

這款司康加入了能夠攝取黃綠色蔬菜營養的胡蘿蔔。連甜點都加入蔬菜，營養量也較讓人感到安心了！對於不喜歡吃蔬菜的小朋友來說，也許可以挑戰看看。

作法

1 將低筋麵粉和泡打粉放入調理盆中，以叉子攪拌均勻。

2 將一半的胡蘿蔔磨碎，另一半切成小丁。

3 在另一個調理盆中倒入步驟 *2*、楓糖漿、菜籽沙拉油和鹽，以橡皮刮刀攪拌均勻。

4 將步驟 *1* 倒入步驟 *3* 的調理盆中切拌混合，以手搓揉成團狀。（若難以揉成團狀時，可以在手上抹點油再搓揉。）

5 將步驟 *4* 分成2等分，分別塑形成長方形後重疊（作出疊層的效果）。再壓扁至厚度1cm（8×14cm），切成6等分（三角形或棒狀）。最後放在鋪好烘焙紙的烤盤上，放入已預熱至180℃的烤箱中烤15分鐘。

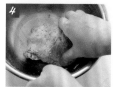

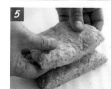

胡蘿蔔杯子蛋糕

菠菜杯子蛋糕

菠菜也能變身甜點，黑芝麻是亮點！

菠菜
杯子蛋糕 $\boxed{12_{min}}$

材料（6個直徑5至6cm瑪芬紙杯的分量）

燙熟的菠菜 … 50g
黑芝麻 … 2小匙
低筋麵粉 … 100g
泡打粉 … 1又½小匙
楓糖漿 … 2大匙
菜籽沙拉油 … 3大匙
鹽 … 少許
水 … 4大匙

準備
烤箱預熱至180℃。

作法

1 將低筋麵粉和泡打粉放入調理盆中，以叉子攪拌均勻。

2 將菠菜切成小丁。

3 在另一個調理盆中倒入楓糖漿和菜籽沙拉油，以打蛋器攪拌。再加入步驟2、黑芝麻、鹽和水，以橡皮刮刀攪拌。

4 將步驟1倒入步驟3的調理盆中切拌混合後平均放入瑪芬紙杯中，再放入已預熱至180℃的烤箱中烤20分鐘。

胡蘿蔔╳葡萄乾獨特＆濃郁的風味，
是非常受小朋友喜愛的口味。

胡蘿蔔
杯子蛋糕

12*min*

材料（6個直徑5至6cm瑪芬紙杯的分量）

胡蘿蔔 … 100g
葡萄乾 … 2大匙
低筋麵粉 … 100g
泡打粉 … 2小匙
楓糖漿 … 2大匙
菜籽沙拉油 … 2大匙
鹽 … 1小撮

準備
烤箱預熱至180℃。

作法

1 將低筋麵粉和泡打粉放入調理盆中，以叉子
　攪拌均勻。

2 將一半的胡蘿蔔磨碎，另一半切成小丁。

3 葡萄乾以熱水浸泡後瀝乾水分＆切成小丁。

4 在另一個調理盆中倒入步驟2、楓糖漿、菜
　籽沙拉油和鹽，以橡皮刮刀攪拌。再加入步
　驟3攪拌。

5 將步驟1倒入步驟4的調理盆中切拌混合
　後，平均放入瑪芬紙杯中，再放入已預熱至
　180℃的烤箱中烤20分鐘。

帶有些許醬油風味，也適合作為早餐享用。

馬鈴薯杯子蛋糕

12min

材料（6個直徑5至6cm瑪芬紙杯的分量）

馬鈴薯 … 100g
低筋麵粉 … 100g
泡打粉 … 1又½小匙
楓糖漿 … 1小匙
菜籽沙拉油 … 2大匙
醬油 … ½小匙
鹽 … 少許
水 … 5大匙

準備
烤箱預熱至180℃。

作法

1 將低筋麵粉和泡打粉放入調理盆中，以叉子攪拌均勻。

2 將一半的馬鈴薯磨碎，另一半切成0.5cm的小丁。

3 在另一個調理盆中倒入步驟2、楓糖漿、菜籽沙拉油、醬油和鹽，以橡皮刮刀攪拌後，加入水再度攪拌。

4 將步驟1倒入步驟3的調理盆中切拌混合後，平均放入瑪芬紙杯中，再放入已預熱至180℃的烤箱中烤20分鐘。

memo

為了發揮食材的特性，以菠菜、胡蘿蔔、馬鈴薯作出3種口味不同的杯子蛋糕，嘗試製作＆品嚐看看吧！

一想到就可以立即動手作的簡單餅乾。

原味餅乾

10min

材料（1塊12×15cm大小的分量）

低筋麵粉 … 60g
楓糖漿 … 2小匙
菜籽沙拉油 … 1又½大匙
水 … 1小匙

準備
烤箱預熱至180℃。

作法

1 將所有材料放入調理盆中，以指尖輕輕攪拌，待麵粉和油充分混合後，搓揉成團狀（若難以揉成團狀時，可以在手上沾點水再搓揉）。

2 將步驟 1 攤平在烘焙紙上，以擀麵棍擀成厚度0.3cm（12×15cm大小）。再以刀子切出3cm正方形切痕＆以叉子戳洞。

3 放在鋪好烘焙紙的烤盤上，放入已預熱至180℃的烤箱中烤15分鐘至呈現烤色。待出爐＆放涼至不燙手的程度後，將餅乾一個一個分開。

memo

只需要3種材料就能製作的餅乾！成功的祕訣在於將麵團擀平時，厚度要平均。作為每天必備的甜點，令人心情愉悅。

可可餅乾

地瓜餅乾

非常受歡迎的可可口味，好好地享受酥脆的口感吧！

可可餅乾 $\boxed{10_{min}}$

材料（2×3cm，14至15個的分量）

可可粉（無糖）⋯ ½大匙
黑芝麻 ⋯ 2小匙
低筋麵粉 ⋯ 60g
楓糖漿 ⋯ 1大匙
菜籽沙拉油 ⋯ 1又½大匙

準備
烤箱預熱至180℃。

作法

1 將所有材料放入調理盆中，以指尖輕輕攪拌，待麵粉和油充分混合後，搓揉成團狀（若難以揉成團狀時，可以在手上抹點油再搓揉）。

2 將步驟1揉成2×3cm，長約10cm的棒狀，再切成厚度0.5至0.7cm的厚片。

3 將步驟2一片一片地整形後，排列在鋪好烘焙紙的烤盤上，再放入已預熱至180℃的烤箱中烤15分鐘至呈現烤色。

memo

只需要1個調理盆就能輕鬆製作！
以黑芝麻提味的可可餅乾有種令人
懷念的滋味。

烤得酥酥脆脆，使地瓜的香味蔓延開來。

地瓜餅乾

12min

材料（直徑3cm，17至18個的分量）

蒸熟的地瓜（去皮）⋯ 70g
低筋麵粉 ⋯ 70g
楓糖漿 ⋯ 1小匙
菜籽沙拉油 ⋯ 2大匙
黑芝麻 ⋯ 適量

準備
烤箱預熱至190℃。

作法

1 將地瓜放入調理盆中，以叉子壓碎，加入楓糖漿和菜籽沙拉油攪拌至滑順。

2 加入低筋麵粉後以手攪拌，搓揉成團狀（若難以揉成團狀時，可以加入約1小匙的水調整）。

3 將步驟 *2* 揉成直徑3cm，長約12cm的棒狀，再切成厚度0.5至0.7cm的厚片。

4 將步驟 *3* 排列在鋪好烘焙紙的烤盤上，並灑上黑芝麻。放入已預熱至190℃的烤箱中烤15分鐘，烤至呈現烤色。

memo

加入大量地瓜作成的餅乾。因為地瓜含有水分，在揉麵團時會有一些誤差，需要稍微調整以達到酥脆的效果。

鹹味零嘴，脆脆的口感讓手停不下來！

芝麻脆片

10min

材料（1塊12×10cm大小的分量）

白芝麻 … 2小匙
低筋麵粉 … 60g
菜籽沙拉油 … 2小匙
鹽 … 1小撮
水 … 1大匙

準備
烤箱預熱至180℃。

作法

1 將所有材料放入調理盆中，以指尖輕輕攪拌，待麵粉和油充分混合後，搓揉成團狀（若難以揉成團狀時，可以在手上抹點油再搓揉）。

2 將步驟1在攤平烘焙紙上，以擀麵棍成厚度0.2cm（約12×10cm）後，平均地以叉子戳洞＆以刀子切成2×3cm左右的長方形，再將長方形斜切成兩半。

3 放在鋪好烘焙紙的烤盤上，放入已預熱至180℃的烤箱中烤15分鐘，至呈現烤色。待出爐＆放涼至不燙手的程度後，將餅乾一個一個分開。

※烤好後摸摸看，如果還軟軟的或不太酥脆，可以再烤2至3分鐘。

memo

以方便享用的三角形作出可口的芝麻口味脆片。這是一道只要混合全部的材料就能完成的簡單食譜。

好好享用南瓜＆香蕉自然的甜味。

春捲

15*min*

材料（4捲的分量）

春捲皮 … 2張
蒸熟的南瓜（去皮）… 120g
香蕉 … ½根
菜籽沙拉油 … 少許

作法

1 將春捲皮對半切成三角形。

2 將南瓜＆香蕉分別以叉子壓成泥。

3 在切成三角形的春捲皮長邊鋪上步驟*2*一半的南瓜泥，左右兩側向中間摺後再向上捲（捲到最後不用任何東西封口也OK）。依相同的步驟再捲1捲。香蕉泥也以相同的步驟捲好2捲。

4 在平底鍋中倒入菜籽沙拉油，開中火，將步驟*3*的末端朝下排列。煎至表面金黃後，再翻面＆煎至金黃。並依個人喜好對半斜切。

memo

說到春捲通常會想到要用油炸的，其實也可用油煎的方式製作。若改為包入蒸熟的地瓜或馬鈴薯，也可以成為一道菜餡。或是用春捲皮包蔬菜也很美味。請試試各種不同的口味。

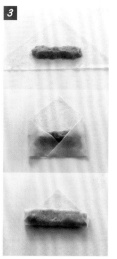

寫給擔心過敏的媽媽們

本書中的食譜除了不含蛋・乳製品的特點之外，
也有許多不使用麵粉的甜點。

不使用麵粉，似乎會有許多限制……
雖然可能會被懷疑「這樣還算是甜點嗎？」不過完全沒有這回事。

其實只要運用從以前就經常使用的米粉、白玉粉和葛粉，
就可以不用麵粉、簡單地作出好吃的甜點。

雖然米粉無法完全替代麵粉，但也能用來製作糕點。
Q彈的口感，又能避免過敏，
是甜點教室中非常受歡迎的品項。

如果不熟悉米粉、白玉粉和葛粉的使用也沒關係，
請務必試作看看，
一定能作出熟悉懷念的、充滿食物原味記憶的美味甜點。

Part
2

不使用蛋・乳製品・麵粉的
安心甜點

使用米粉製作。不但口感Q彈，也可以嚐到香蕉的甜味。

米粉香蕉磅蛋糕

12*min*

材料（1個15×6.5×5cm磅蛋糕模具
的分量）

香蕉 … 2小根（150g）
米粉 … 100g
泡打粉 … 2小匙
黍砂糖 … 少於2大匙
　　　　（依香蕉的甜度調整）
菜籽沙拉油 … 3大匙

準備
烤箱預熱至180℃。

作法

1　將米粉和泡打粉放入調理盆中，以叉子
攪拌均勻。

2　香蕉切3片厚度0.5cm的圓片作為裝飾
用，剩下的放入另一個調理盆中以叉子
壓碎，直到完全沒有碎塊後，加入黍砂
糖和菜籽沙拉油攪拌均勻。

3　將步驟 1 倒入步驟 2 的調理盆中，以橡
皮刮刀切拌混合。攪拌至留有一點點粉
感時倒入模具中＆平均地放上裝飾用的
香蕉片，放入已預熱至180℃的烤箱中
烤25至30分鐘。

memo

這是在教室中非常受歡迎的香蕉磅
蛋糕的米粉版本。這個以米粉替代
麵粉的魔法配方也可以作成杯子蛋
糕唷！

簡單的可可蛋糕，以杏仁片增添整體風味的亮點。

米粉可可蛋糕

10min

材料（1個15×6.5×5cm磅蛋糕模具的分量）

米粉 … 100g
泡打粉 … 2小匙
楓糖漿 … 2大匙
菜籽沙拉油 … 3大匙
鹽 … 少許
水 … 5大匙
杏仁片 … 15g

準備
烤箱預熱至180℃。

作法

1 將可可粉、米粉、泡打粉放入調理盆中，以叉子攪拌均勻。

2 在另一個調理盆中倒入楓糖漿和菜籽沙拉油以打蛋器攪拌後，加入鹽和水再次攪拌。

3 將步驟 1 倒入步驟 2 的調理盆中切拌混合。倒入模具中鋪平，放入已預熱至180℃的烤箱中烤20分鐘。

memo
泡打粉遇水就會開始作用，所以加水之後就要快速攪拌。

加入了大量的芝麻，作出米粉獨特Q彈口感的蛋糕。

黑白芝麻蛋糕

10 min

材料（2個8×3×3.5cm磅蛋糕模具的分量）

黑芝麻粉 … 1大匙
白芝麻 … 1小匙
黑芝麻 … 1小匙
米粉 … 50g
泡打粉 … ⅔小匙
楓糖漿 … 1大匙
菜籽沙拉油 … 1又½大匙
鹽 … 少許
水 … 4大匙

準備
烤箱預熱至180℃。

memo
拌好的米糊即使非常鬆散也OK，還是能作出軟Q好吃的蛋糕。

作法

1　將芝麻粉、芝麻、米粉、泡打粉和鹽放入調理盆中，以叉子攪拌均勻。

2　在步驟 1 的調理盆中倒入楓糖漿，以橡皮刮刀輕輕攪拌，加入菜籽沙拉油攪拌均勻。

3　將步驟 2 倒入模具中，放入已預熱至180℃的烤箱中烤20分鐘。

米粉香蕉蒸糕

44

米粉花豆蒸糕

軟Q的口感充滿魅力，加上了香蕉的香甜味更是香氣四溢。

米粉香蕉
蒸糕

$\boxed{12_{min}}$

材料（6至8個直徑3至4cm紙杯的分量）

香蕉 … 2小根（150g）
米粉 … 100g
泡打粉 … 2小匙
楓糖漿 … 1大匙（依香蕉的甜度調整）
菜籽沙拉油 … 3大匙

準備
備妥蒸鍋（將水煮沸）。

作法

1 將米粉和泡打粉放入調理盆中，以叉子攪拌
均勻。

2 在另一個調理盆中將香蕉壓成泥，再加入楓
糖漿和菜籽沙拉油攪拌均勻。

3 將步驟1加入步驟2的調理盆中，攪拌至留
有一點點粉感時倒入瑪芬紙杯中，放入熱氣
蒸騰的蒸鍋中以大火蒸5分鐘，再轉中火蒸5
分鐘左右。

一款能品嚐到花豆自然甜味的簡單蒸糕。

米粉
花豆蒸糕

12min

材料（4至6個直徑3至4cm紙杯的分量）

燙熟的花豆 … 50g

米粉 … 50g

泡打粉 … 1小匙

楓糖漿 … 2大匙

鹽 … 1小撮

水 … 4大匙

準備
備妥蒸鍋（將水煮沸）。

作法

1 將花豆放入調理盆中，加入楓糖漿浸泡5分鐘。

2 在另一個調理盆中將米粉、泡打粉和鹽以叉子攪拌均勻。

3 取步驟*1*中的8顆花豆作為裝飾用，剩下的倒入步驟*2*中，加水後以橡皮刮刀切拌混合。

4 將步驟*3*放入紙杯中，平均地擺上裝飾用的花豆。放入熱氣蒸騰的蒸鍋中以大火蒸5分鐘，再轉中火蒸5分鐘左右。

47

充滿地瓜甜味和芝麻香味的一口甜甜圈！

地瓜米粉
甜甜圈

15min

材料（直徑3至4cm，10個的分量）

蒸熟的地瓜（去皮）… 150g
白芝麻 … 1小匙
米粉 … 50g
泡打粉 … 1小匙
黍砂糖 … 1小匙
鹽 … 少許
水 … 2大匙
菜籽沙拉油 … 適量

作法

1 將一半的地瓜放入調理盆中以叉子壓成泥，另一半切成1cm的小丁再加入調理盆中。

2 將菜籽沙拉油以外的所有材料倒入步驟 *1* 的調理盆中，以叉子攪拌均勻。

3 將步驟 *2* 分成10等分，揉成圓球。

4 在小平底鍋中倒入菜籽沙拉油至1cm左右深，開中火。加熱油溫至將筷子放入油中會冒出小泡泡時，放入步驟 *3*，不時翻面炸至表面金黃。

memo

只需要1個調理盆就可以完成的甜甜圈，Q彈的口感美味到令人上癮。

脆脆的口感＆根菜類蔬菜的原味令人上癮。

根菜類蔬菜脆片

$$10_{min}$$

材料（容易製作的分量）

蓮藕、牛蒡 … 各適量
鹽 … 2小撮

準備
烤箱預熱至230℃。

作法

1 蓮藕和牛蒡洗淨後，不用削皮，以削皮刀切成薄片後，分別以水浸泡5分鐘左右，再換水＆分別加入1小撮鹽浸泡3分鐘左右。

2 以餐巾紙將蓮藕和牛蒡的水分完全擦乾，放在鋪好烘焙紙的烤盤上，放入已預熱至230℃的烤箱中烤5至8分鐘，直到酥脆。

memo

只需要切得薄薄的放進烤箱烤就可以完成的簡單零嘴。在我們家，蓮藕脆片非常受歡迎。即使不沾鹽也能讓人不知不覺地吃上許多。

只需要一只平底鍋就能輕鬆完成的烤蘋果。

烤蘋果

8min

材料（容易製作的分量）

蘋果 … 1顆
黍砂糖 … 1小匙
菜籽沙拉油 … 2小匙

作法

1 蘋果切成8等分的月牙形後去皮（若使
用無農藥殘留的安心蘋果帶皮也OK），
再將每一片切成兩半。

2 在平底鍋中加入菜籽沙拉油，以中火加
熱＆將步驟 1 排入鍋中。撒上黍砂糖，
蓋上鍋蓋，燜煮3至4分鐘。

3 打開鍋蓋，以木鏟來回輕輕地拌炒，直
到蘋果上色。

memo

只要煮3至4分鐘就能完成的獨特甜
點，也可以將蘋果換成其他種類的
水果。

製作步驟極簡單，多作一點放著也很方便。

楓糖蘋果

15min

材料（容易製作的分量）

蘋果 … 1顆
楓糖漿 … 2小匙
水 … 2大匙

作法

1 蘋果切成8等分的月牙形後去皮（若是使用無農藥殘留的安心蘋果帶皮也OK），再將每一片切成薄片。

2 在步驟1的鍋中加入水，開小火&持續以木鏟攪拌加熱蘋果。煮到軟透後加入楓糖漿攪拌均勻。

memo

像果醬一樣充滿甜味，也保有蘋果的口感，放在麵包上吃也非常美味。

草莓白和

柿子白和

56

奇異果白和

使用滑嫩的絹豆腐製作而成的超簡單甜點。

柿子白和

5 min

材料（4人分）

柿子 … 2顆
絹豆腐 … ⅓塊（100g）
檸檬汁 … 1小匙
楓糖漿 … 2小匙

作法

1 將絹豆腐放入調理盆中（沒有擠乾水分也OK），以叉子壓碎至滑順。

2 將檸檬汁和楓糖漿加入調理盆後再次攪拌。

3 柿子去皮＆切成1.5cm的小塊，加入步驟 2 中，快速攪拌。

與絹豆腐一起拌勻後，草莓的酸味和甜味變得更加明顯。

草莓白和

5 min

材料（4人分）

草莓 … 16至20顆
絹豆腐 … ⅓塊（100g）
檸檬汁 … 1小匙
楓糖漿 … 2小匙
（依草莓的甜度調整）

作法

1 將絹豆腐放入調理盆中（沒有擠乾水分也OK），以叉子壓碎至滑順。

2 將檸檬汁和楓糖漿加入調理盆後再次攪拌。

3 草莓去除蒂頭後，1顆切成4等分，加入步驟 2 中，快速攪拌。

使用季節水果製作出色彩鮮豔美麗的甜點。

奇異果白和

5 *min*

材料（4人分）

奇異果 … 2顆
絹豆腐 … ⅓塊（100g）
檸檬汁 … 1小匙
楓糖漿 … 2小匙

作法

1 將絹豆腐放入調理盆中（沒有擠乾水分也OK），以叉子壓碎至滑順。

2 將檸檬汁和楓糖漿加入調理盆中，和絹豆腐攪拌混合均勻。

3 將奇異果去皮後，切成1.5cm的小塊，加入步驟*2*中，快速攪拌。

memo

豆腐×水果是非常契合的搭配。也可以使用葡萄、哈密瓜等各種水果，試試看喔！

品嚐完熟水果的天然甜味。

水果冰沙

15 min

材料（各2人分）

草莓 ··· 10顆
柑橘（晴海、setoka、清美等）
··· 2顆

作法

1 草莓去除蒂頭後放入保鮮盒，以叉子壓碎。

2 柑橘對半切後去籽，將果汁擠入另一個保鮮盒中。

3 將步驟 1、2 放入冷凍庫冷凍。

4 食用前再以湯匙將冰沙挖入容器中。

memo

將天然的水果汁冷凍作成冰沙的樣子是有點奢侈。在疲勞或感到悶熱時可以補充維生素C。

可以作為正餐的甜點

零食、甜點在小朋友的成長過程中是不可或缺的。

因為小朋友的胃很小，每一餐食量也不多，

一日三餐中攝取的營養並不是十分足夠。

所以，甜點的角色就很重要了。以米飯或蔬菜作成的甜點，

不但可以作為一頓正餐，每天吃也非常安心。

若是因為甜點，讓吃飯更有趣，

或因而愛上蔬菜的美味，那就更好了！

利用剩飯作成的甜點，當作早餐也ＯＫ！

煎米餅

10 min

材料（直徑8至10cm，6個的分量）

熱米飯 … 150g

山藥 … 75g

白芝麻 … 1小匙

鹽 … 1小撮

醬油 … 數滴

芝麻油 … 少許

蒸熟的胡蘿蔔（切成星形）… 少許

蓮藕（切成薄片，依喜好的油量快速炒過）… 少許

喜好的菇類（切成薄片，依喜好的油量快速炒過）… 少許

作法

1 在調理盆中將山藥磨成泥，加入米飯、芝麻、鹽和醬油攪拌均勻。

2 在平底鍋中倒入芝麻油以中火加熱，到達一定熱度後關火。將步驟 1 每次以⅙的量放入鍋中，以湯匙壓扁整成圓餅狀。再將胡蘿蔔、蓮藕和菇類放在米餅的中央作裝飾，再次開中火。

3 以中火煎1分鐘後，轉小火煎2分鐘。煎至呈金黃色後翻面，再以小火煎1分鐘。

外脆內Q，
是一道非常好的配菜。

蘿蔔麻糬餅 15min

材料 (直徑8cm，4片的分量)

白蘿蔔 … 70g
羊栖菜（乾）… 多於½小匙（泡發過・1大匙）
切塊蘿蔔乾（乾）… 6至7g（泡發過・30g）
白玉粉 … 5大匙（50g）
鹽 … 1小撮
芝麻油 … 少許
橘醋醬油 … 適量

作法

1 將羊栖菜、蘿蔔乾放入調理盆中，分別
加水泡發後取出切碎。

2 蘿蔔去皮後磨成泥，輕輕地擠乾水分。
並保留少於1小匙擠出來的水分備用。

3 在調理盆中放入白蘿蔔泥、白玉粉、鹽
和白蘿蔔汁，以手輕輕攪拌均勻。再加
入步驟 1 混合均勻。分成4等分，壓平
後整成圓餅狀。

4 在平底鍋中倒入芝麻油以中火加熱，將
步驟 3 排入鍋中。煎至呈金黃色後翻
面，煎至兩面酥脆。起鍋後請搭配喜好
的橘醋醬油享用。

有滿滿的蔬菜甜味。

南瓜煎餅

10_{min}

材料（直徑8cm，3片的分量）

蒸熟的南瓜 … 150g
米粉 … 2大匙
楓糖漿 … 1小匙（不加也OK）
水 … 1大匙
菜籽沙拉油 … 少許

作法

1 將南瓜去皮放入調理盆中，以叉子壓
 碎。南瓜皮則切成星形作為裝飾用。

2 將剩下的所有材料加入步驟1的調理盆
 中攪拌均勻。將南瓜泥分成3等分，壓
 平&整成圓餅狀。

3 在平底鍋中倒入菜籽沙拉油，開中火，
 將步驟2排入鍋中煎1分半鐘左右。煎
 至呈金黃色後翻面，再煎1分半鐘左
 右。起鍋後盛盤，以南瓜皮添加裝飾。

memo

地瓜也可以用相同的作法製作。若尺寸作小一
點，也可以作為方便拿著吃的副食品。

以土鍋就能完成熱呼呼的烤地瓜。

烤地瓜 $\boxed{40_{min}}$

材料(容易製作的分量)

地瓜 … 2條

作法

1 將地瓜清洗乾淨,充分去除水分。保持帶皮的狀態,以鋁箔紙包裹後排入土鍋中(可以空燒的土鍋),蓋上鍋蓋。

2 土鍋以小火加熱15至20分鐘,打開鍋蓋,將地瓜翻面,繼續以小火煮15至20分鐘。以筷子戳一下,確認地瓜變軟後就完成了。

memo

以能夠空燒的土鍋就可以完成烤地瓜。土鍋外側如果有水,容易在開火加熱時裂開,所以要確保土鍋外側完全乾燥後再使用。

可以當作零食，也可以當作正餐的配菜。

炒鬆軟黃豆

10_{min}

材料（容易製作的分量）

燙熟的黃豆（或是蒸熟的黃豆）…
1杯
黍砂糖 … 2小匙
醬油 … 2小匙
味醂 … 2小匙
白芝麻 … 少許

作法

1　將黍砂糖、醬油和味醂混合均勻。

2　將黃豆放入平底鍋中，開小火，不斷地
　　搖動鍋子讓水氣揮發，再轉中火拌炒3
　　分鐘左右後取出。

3　在同一個平底鍋中倒入步驟 1，開小
　　火，加熱至醬油香飄出後，倒回黃豆以
　　調味料拌炒均勻。關火後加入白芝麻稍
　　微攪拌。

Column 3

樂於製作甜點的祕訣

在甜點教室中，為了能夠每天開心地製作料理，
「常備菜」是不可或缺的。

為什麼在甜點的食譜書中要介紹常備菜？
因為製作甜點和每天的三餐料理是有關聯性的——
只要作法簡單，就可以每天製作。

不論是每天料理三餐或作甜點，
保持開心的祕訣在於，
蒸煮蔬菜時，多作一點保存起來，
每天作小菜＆甜點時就可以比較輕鬆。

時常在冰箱裡儲備基本的常備菜，
隨時想到要作甜點就派得上用場，真的很棒喔！

一口氣同時製作多道料理或許會有點困難，
所以要在平時的作業中，多作一點保存起來，
再將它們運用在其他料理上。請試著從這裡開始吧！

Part
3

甜食愛好者的
和風甜點

甜餡・醬油餡，兩種口味都享用看看。

炸芝麻糰子

20min

材料（3至4cm，10個的分量）

白玉粉 … 100g
絹豆腐 … 100至110g
地瓜餡 … 5個的分量
蔬菜味噌餡 … 5個的分量
白芝麻 … 5至6大匙
黑芝麻 … 5至6大匙
菜籽沙拉油 … 適量

作法

1 將白玉粉和豆腐（沒有擠乾水分也OK）放入調理盆中以手攪拌至滑順。分成10等分後揉成球狀，分別壓扁成圓形，分別包入地瓜餡和蔬菜味噌餡，一種口味各5個。

2 以雙手將糰子揉成圓球後整個裹上芝麻（地瓜內餡的裹黑芝麻，蔬菜味噌內餡的裹白芝麻）。

3 在平底鍋中倒入菜籽沙拉油至1cm左右深，開小火，放入步驟*2*，持續翻動糰子炸至表面金黃。

◆ 地瓜餡

材料（5個的分量）

蒸熟的地瓜（去皮） … 75g
楓糖漿 … 2小匙
鹽 … 少許

作法

在調理盆中放入地瓜，以叉子壓碎後加入楓糖漿和鹽攪拌均勻。

◆ 蔬菜味噌餡

材料（5個的分量）

茄子 … ¼根　　黍砂糖 … ½小匙
小黃瓜 … ¼根　味噌 … ⅔小匙
鹽 … 少許　　　水 … ⅓小匙

作法

將茄子和小黃瓜切成薄片後以鹽醃漬。待茄子和小黃瓜出水後，擠乾水分放入調理盆中，再加入黍砂糖、味噌和水攪拌均勻。

不但有滿滿的營養，又充滿懷舊風味。

黃豆粉糖

7 min

材料（48個1cm小塊的分量）

黃豆粉 … 30g

白芝麻粉 … 15g

蜂蜜 … 30g

※因為使用了蜂蜜，所以請勿給1
　歲以下的嬰兒食用。

作法

1 在調理盆中放入黃豆粉和白芝麻粉，以
叉子攪拌均勻。

2 在步驟1的調理盆中加入蜂蜜攪拌，以
手揉成糰。

3 將步驟2壓成厚度1cm（6×8cm大小）
的塊狀，在表面另撒上黃豆粉（分量
外），再切成1cm的小塊。

memo

令人懷念的黃豆粉點心，簡單到忍
不住想問：「該不會省略了什麼？」
而且分量十足，充飢時來上兩顆，
立刻就能得到滿足。放入密閉容器
中，可以冷藏保存1週左右。

豆打白玉糰子

核桃白玉糰子

毛豆泥不但香氣十足，顏色也美，
少少地裝飾在糰子上非常漂亮。

豆打白玉糰子

15min

材料（3至4人分）

白玉粉 … 50g
絹豆腐 … 50g
燙熟的毛豆 … 3大匙
楓糖漿 … 1小匙
鹽 … 少許

作法

1. 將毛豆表面的薄膜去除後，放入研磨缽中磨碎。再加入楓糖漿和鹽，以湯匙攪拌均勻。

2. 在調理盆中加入白玉粉和豆腐（沒有擠乾水分也OK），以手攪拌至滑順。

3. 將步驟 2 分成12等分，揉成圓球狀，以手指在圓球中央稍微壓扁。

4. 在湯鍋中加入足量的水煮沸，放入步驟 3，以中火烹煮。待白玉糰子浮上水面後，繼續煮1分鐘。再以濾勺撈起白玉糰子，放入裝水的調理盆中冷卻。最後瀝乾白玉糰子的水分後盛盤，平均地放上步驟 1 作裝飾。

※小朋友食用糰子時，容易整顆吞下，請注意提醒及小心看顧。

memo

以研磨缽製作毛豆泥比預期中的還要簡單。比起直接購買完成品，自己動手製作更增添了與食物的互動和交流，這也是非常重要的。

核桃炒過後，更添香氣&醇厚感，還可以吃到果實的美味。

核桃白玉糰子

15min

材料（3至4人分）

白玉粉 … 50g
絹豆腐 … 50g
核桃（無鹽） … 15g
楓糖漿 … 多於1小匙
鹽 … 少許

作法

1 將核桃放入平底鍋中，小火拌炒5分鐘。再將炒好的核桃放入研磨缽中磨碎，加入楓糖漿和鹽，以湯匙攪拌均勻。

2 在調理盆中加入白玉粉和豆腐（沒有擠乾水分也OK），以手攪拌至滑順。

3 將步驟 *2* 分成12等分，揉成圓球狀，以手指在圓球中央稍微壓扁。

4 在湯鍋中加入足量的水煮沸，放入步驟 *3*，以中火烹煮。待白玉糰子浮上水面後，繼續煮1分鐘。再以濾勺撈起白玉糰子，放入裝水的調理盆中冷卻。最後瀝乾白玉糰子的水分後盛盤，平均地放上步驟 *1* 作裝飾。

※小朋友食用糰子時，容易整顆吞下，請注意提醒及小心看顧。

利用紫色地瓜、抹茶、南瓜的天然色澤，作成漂亮的三色糰子。

三色白玉糰子

$\boxed{20_{min}}$

材料（12個的分量）

白玉粉 … 50g
絹豆腐 … 50g
燙熟的紫色地瓜（去皮） … 20g
燙熟的南瓜（去皮） … 20g
抹茶 … ¼小匙
白味噌 … 1小匙
醬油 … ½小匙

作法

1 將紫色地瓜和南瓜分別在小容器中以湯匙壓成泥，抹茶則以等量的水溶解。

2 在調理盆中放入白玉粉和豆腐（沒有擠乾水分也OK），以手攪拌至滑順。

3 將步驟 *2* 分成3等分，分別和紫色地瓜泥、南瓜泥和溶解的抹茶混合均勻。各分成4等分後揉成圓球狀。

4 在湯鍋中加入足量的水煮沸，加入步驟 *3*，以中火烹煮。待白玉糰子浮上水面後，繼續煮1分鐘。再以濾勺撈起白玉糰子，放入裝水的調理盆中冷卻。

5 瀝乾白玉糰子的水分後盛盤，將白味噌和醬油混合成醬，放入盤中點綴。

※小朋友食用糰子時，容易整顆吞下，請注意提醒及小心看顧。

memo

在家中製作時，只作一種顏色也沒關係。看著白玉糰子漸漸上色的過程也很有趣。

以被稱為Purple Sweet Load的紫色地瓜
作成顏色鮮艷明亮的甜點。

紫色地瓜羊羹

20min

材料（1個12×7.5×4.5cm 容器的分量）

紫色地瓜 … 中型1根

（淨重多於200g）

葛粉 … 20g

黍砂糖 … 2大匙

水 … 200㎖

準備

備妥蒸鍋（將水煮沸）。

memo

使用紫色地瓜作出的甜點雖然漂
亮，但使用一般的地瓜亦可。一般
的地瓜水分較多，可能會有無法成
型的狀況，請依情況調整出符合當
下食材特性的作法。

作法

1　紫色地瓜洗淨後切成厚度1cm的圓片，
撒上少許鹽（分量外），放入蒸鍋中以
大火蒸10至12分鐘後，將地瓜去皮，放
入調理盆中，以叉子壓成泥。

2　在鍋中倒入葛粉和水，開中火，將葛粉
溶化。葛粉溶化後加入黍砂糖，以木鏟
攪拌均勻。

3　待出現透明感且呈黏稠狀時轉小火，持
續以木鏟從鍋底徹底攪拌＆煮2至3分
鐘，再將步驟1加入鍋中混合均勻。

4　將步驟3倒入以水沾濕的容器中鋪平，
蓋上保鮮膜後放入冰箱冷卻、凝固。待
凝固後，以沾濕的手取出（難以取出
時，可以在末端放入刀子取出），最後
切成容易入口的大小。

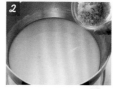
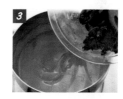

Q彈黑糖凍

紅豆凍

加入生薑的的柔軟果凍，
適合搭配蘋果汁一起開心享用。

Q彈黑糖凍

7 min

材料（1個15×12cm容器的分量）

黑糖 … 2至3大匙
生薑汁 … ½小匙
寒天粉 … 1g
水 … 200㎖
蘋果汁（100%果汁）… 少許

作法

1 在鍋中倒入水和寒天粉，開中火，以木鏟攪拌至沸騰，持續攪拌2分鐘左右至寒天粉完全溶化後，再加入黑糖持續攪拌1分鐘左右。

2 關火後加入生薑汁攪拌均勻。

3 待降溫至不燙手的程度後倒入以水沾濕的扁平容器中。蓋上保鮮膜，放入冰箱冷卻、凝固。

4 待凝固後，切成1cm的小塊，盛入容器中，搭配蘋果汁享用。

memo

使用寒天製作的簡單果凍。寒天的原料為海藻，含有非常豐富的膳食纖維，是會讓人想要親近的材料之一。而且作成寒天粉後，使用起來又更方便了。

加入大量紅豆作成的果凍。少許的鹽還能引出更多的甜味。

紅豆凍

7_{min} ※不含煮熟紅豆的時間

材料（4個直徑6至7cm×高5.5cm杯子的分量）

煮熟的紅豆（熬煮方法請參照P.91） … 150g

黍砂糖 … 2大匙

鹽 … 少許

水 … 150㎖

A | 寒天粉 … 1g
  | 水 … 200㎖

作法

1 在鍋中放入紅豆，加入黍砂糖、鹽和水，開中火，煮3分鐘左右。

2 在另一個鍋中放入 *A* 材料，開中火，以木鏟攪拌至沸騰。持續攪拌2分鐘左右至寒天粉完全溶化。

3 關火後，加入步驟 *1* 攪拌均勻。

4 待降溫至不燙手的程度後倒入以水沾濕的杯子中。蓋上保鮮膜，放入冰箱冷卻、凝固。

memo

只要有煮好的紅豆，不用10分鐘就能完成的果凍。而且只要熟練在2分鐘左右溶化寒天的步驟，就能作出簡單又方便的甜點材料了。

以柳丁、蘋果、草莓三色作出維生素C滿點的果凍。

三色果凍

`15min`

材料（5個直徑6至7cm×高5.5cm杯子的分量）

◆ 柳丁果凍
柳丁汁（100%果汁）… 200㎖
寒天粉 … 1g
水 … 100㎖
◆ 蘋果果凍
蘋果汁（100%果汁）… 200㎖
寒天粉 … 1g
水 … 100㎖
◆ 草莓果凍
草莓 … 5顆
檸檬汁 … ½顆的分量
寒天粉 … 1g
水 … 300㎖

作法

1 在鍋中放入柳丁果凍的材料，開中火，以木鏟攪拌至沸騰。持續攪拌2分鐘至寒天粉完全溶化。

2 將步驟*1*平均倒入5個以水沾濕的杯子中，降溫至不燙手的程度後蓋上保鮮膜，放入冰箱冷卻、凝固。（因使用了寒天，5分鐘左右就會凝固。）

3 在鍋中加入蘋果果凍的材料，以步驟*1*相同的作法將寒天粉溶化。

4 將步驟*3*倒入步驟*2*果凍已凝固的杯子中，以相同的作法冷卻、凝固。

5 在鍋中加入草莓果凍材料中的水和寒天粉，以和步驟*1*相同的作法將寒天粉溶化，加入檸檬汁攪拌均勻。

6 在步驟*4*果凍已凝固的杯子中，平均放入去除蒂頭、切成小塊的草莓，再倒入步驟*5*，以相同的作法冷卻、凝固。

黃豆粉是手作甜點中非常實用的材料，
和水果混合後就是一道好吃的甜點。

黃豆粉裹鳳梨

5_{min}

材料（2至3人分）

鳳梨 … 60g
黃豆粉 … 多於1大匙
水 … 100㎖

作法

1 將鳳梨切成容易入口的大小。

2 在鍋中倒入黃豆粉和水，開中火，持續
以木鏟攪拌煮至黃豆粉完全溶化。

3 煮出黏性後轉小火，持續攪拌熬煮至半
透明後關火。加入步驟*1*攪拌均勻。

memo

建議使用整顆黃豆磨成的天然黃豆
粉。黃豆不但取得容易，還含有豐
富的營養素，是在製作不用麵粉的
甜點時非常實用的材料。

只要將紅豆煮好，就能立刻完成！

冷紅豆湯

10min ※不含煮熟紅豆的時間。

材料（4至5人分）

煮熟的紅豆（熬煮方法請參照本頁下方）… 300g
黍砂糖 … 40g
煮紅豆的水（冷卻後）… 適量

作法

1 在鍋中放入紅豆，開小火。將黍砂糖分兩次加入，以木鏟攪拌。待收乾水分，紅豆煮至個人喜好的軟硬度時關火、冷卻。

2 將步驟1盛入碗中，再倒入適量的紅豆水。

以小火慢慢熬煮也是一種樂趣。

◆ 熬煮紅豆的方法

材料（熬煮完成約750g）

紅豆（乾）… 150g

> **memo**
>
> 熬煮紅豆一點也不難，只是比較花時間，但其實並不太費工。是讓人感到開心的一道料理。

作法

1 在鍋中加入紅豆和足量的水，開中火，煮20分鐘左右後濾掉水分。

2 再次在步驟1的鍋中加入足量的水，以中火煮沸，沸騰後持續煮30至60分鐘。煮至紅豆變軟後，在調理盆中反覆濾除水分，濾下的紅豆水則留著另有用途。分別放入保鮮盒中，放入冰箱可以保存1週左右。

關於小朋友的甜點 *Q&A*

關於小朋友甜點的所有擔憂，
都問問菅野老師吧！

Q 不使用蛋‧乳製品的原因是什麼？

A 這些食譜並不是以預防過敏為前提所研發的，而是希望開發出「樸實、簡單、每天都能吃」的甜點，所以自然而然地排除了蛋和乳製品。

Q 該如何選擇材料呢？

A 雖然嚴選出更好的材料也是需要在實踐中練習的，但不是一開始就把本來習慣使用的材料全部換掉，而是從這些材料中著手，檢視哪些是好的，哪些是不好的，了解這些才是最重要的。

Q 小朋友常常吃了甜點之後就不吃正餐了，請問關於吃甜點有什麼需要注意的嗎？

A 不論是正餐或甜點，小朋友喜歡什麼、想要什麼？生活之中是否得到滿足？仔細去觀想一定可以得到靈感。

Q 小朋友食欲旺盛時，會一直想要吃甜點。請問可以讓他們盡情地吃喜歡的食物嗎？

A 以小朋友吃了多少能夠滿足作為最大值，雖然每個人的需求不同，不過一定都有適量的「滿足」。實際測量下來，有時也沒有想像中那麼多。

Q 揉不好麵團時，怎麼辦？

A 請用手一次沾少量水，一點一點地調整。因為天氣和身體的狀況，即使使用相同分量的材料，每次的狀況也會不太一樣，這也是製作甜點時非常有趣的一環。等習慣之後，就可以根據手感來調整水量了。

Q 小朋友吃慣甜的點心而不吃不甜的點心，有什麼辦法解決嗎？

A 從平常的飲食中控制，一點一點地減少甜分，應該自然而然地就會習慣不甜的食物了。另外，告訴小朋友不是所有的點心都是甜的（像是P.62的煎米餅就是可以作為正餐的甜點），一起動手作、一起享用預料之外的美味，相信就能慢慢改變這個問題了。

Q 為了讓小朋友克服討厭吃蔬菜的習慣，想要將蔬菜加入甜點裡，建議從什麼蔬菜開始呢？

A 建議不要突然從討厭的蔬菜開始，而是從小朋友每天吃、可以吃的蔬菜開始製作成甜點，以此培養小朋友想要吃蔬菜甜點的想法。不要以「一定要克服討厭蔬菜的習慣！」逼迫，而是讓小朋友自然而然地接受蔬菜。

後記

非常感謝你讀到了本書的最後。

也非常感謝有機會閱讀本書的每個人。

本書中所介紹的甜點甜分都不高，也許一開始會不太適應，但是只要持續製作和嘗試，就會發現這樣的甜度其實恰到好處，進而改變原來習慣的方式。

對於美味的感受改變了，自然而然地對於生活的看法和物品的選擇也會慢慢改變。

如果因此成為各位讀者每天的習慣，我備感欣喜。

因為有很多人的幫助，我才得以完成這本書。負責編輯的石田先生、朝日新聞出版的端先生、負責WEB連載，朝日新聞digital 「＆w」的福山先生、能夠和這麼優秀的各位一起工作真的非常幸福。

負責設計的Phrase團隊、攝影師南雲先生、造型師河野先生、能夠一起完成這麼棒的書，真的非常感謝。

非常感謝我的先生、父親和母親，不斷地支持著忙碌於攝影和撰寫的我，還有一直等待著我的孩子們。

謝謝你們！

菅野のな

烘焙 良品 77

想讓你品嚐の美味手作甜點
5～20分鐘輕鬆完成！無蛋乳・大人&小孩都ＯＫ！

作　　　者／菅野のな
譯　　　者／范思敏
發　行　人／詹慶和
總　編　輯／蔡麗玲
執　行　編　輯／陳姿伶
特　約　編　輯／莊雅雯
編　　　輯／蔡毓玲・劉蕙寧・黃璟安・李宛真
執　行　美　編／周盈汝
美　術　編　輯／陳麗娜・韓欣恬
出　版　者／良品文化館
發　行　者／雅書堂文化事業有限公司
郵政劃撥帳號／18225950
戶　　　名／雅書堂文化事業有限公司
地　　　址／220新北市板橋區板新路206號3樓
電　子　信　箱／elegant.books@msa.hinet.net
電　　　話／(02)8952-4078
傳　　　真／(02)8952-4084

2018年06月 初版一刷　定價300元

"TAMAGO・NYUSEIHIN NASHI DE OISHII KYOMO TEZUKURI
OYATSU WO HITOTSU."
by Nona Sugano
Copyright © 2017 Nona Sugano, Asahi Shimbun Publications Inc.
All rights reserved.
Original Japanese edition published by Asahi Shimbun
Publications Inc.
This Traditional Chinese language edition is published by
arrangement with
Asahi Shimbun Publications Inc, Tokyo in care of Tuttle-Mori
Agency, Inc., Tokyo
through Keio Cultural Enterprise Co., Ltd., New Taipei City.

經銷／易可數位行銷股份有限公司
地址／新北市新店區寶橋路235巷6弄3號5樓
電話／(02)8911-0825
傳真／(02)8911-0801

版權所有・翻印必究
（未經同意，不得將本書之全部或部分內容使用刊載）
本書如有缺頁，請寄回本公司更換

菅野のな（すがの のな）

以「初學者也能輕鬆完成的食譜」、「食物和心靈的
複習work」為宗旨經營著有機料理教室waku waku
work。同時也贊助了「大地宅配」的研討會、為Oisix
提供食譜、在「湘南研討會」的網站上撰寫專欄、培訓
料理教室講師、協助開發有機商品，並舉辦與有機生
活相關的各種活動。著有《小孩子越來越喜歡吃的常
備菜入門》、《小孩子越來越喜歡吃的省時點心》（暫
譯，皆由辰巳出版）。是7歲女孩和4歲男孩的媽媽。
http://wakuwakuwork.jp

食譜總合監修／松波苗美（管理營養師）
助手／吉仲勝敏・三浦さやか・鈴木薫
　　　中山千春（管理營養師）・奧秋美香
食材提供／株式会社大地を守る会「大地宅配」
　　　　　http://takuhai.daichi-m.co.jp
器物協力／UTSUWA

Staff

攝影／南雲保夫
造型／河野亞紀
藝術指導／大薮胤美（フレーズ）
設計／宮代佑子（フレーズ）
編輯協力／石田純子
企劃・編輯／端香里（朝日新聞出版 生活・文化編輯部）

國家圖書館出版品預行編目(CIP)資料

想讓你品嚐の美味手作甜點 / 菅野のな著；范
思敏譯. -- 初版. -- 新北市：良品文化館出版：
雅書堂文化發行, 2018.06
　面；　公分. -- (烘焙良品；77)
ISBN 978-986-95927-8-9(平裝)
1.點心食譜

427.16　　　　　　　　　　　　107007408